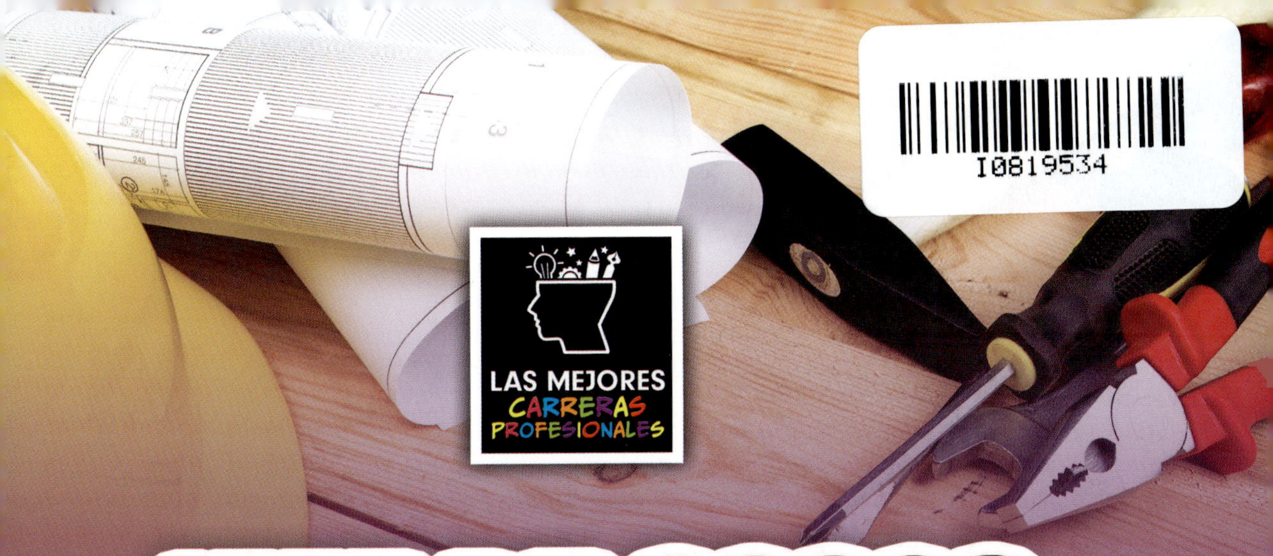

LAS MEJORES CARRERAS PROFESIONALES

JEFE DE OBRAS

Un libro de Las Ramas de Crabtree

Escrito por B. Keith Davidson
Traducción de Santiago Ochoa

Apoyo escolar para cuidadores y maestros

Este libro de alto interés está diseñado para motivar a los estudiantes dedicados con temas atractivos, mientras desarrollan la fluidez, el vocabulario y el interés por la lectura. A continuación se presentan algunas preguntas y actividades para ayudar al lector a desarrollar sus habilidades de comprensión.

Antes de leer:

- *¿De qué pienso que trata este libro?*
- *¿Qué sé sobre este tema?*
- *¿Qué quiero aprender sobre este tema?*
- *¿Por qué estoy leyendo este libro?*

Durante la lectura:

- *Me pregunto por qué...*
- *Tengo curiosidad de saber...*
- *¿En qué se parece esto a algo que ya conozco?*
- *¿Qué he aprendido hasta ahora?*

Después de leer:

- *¿Qué intentaba enseñarme el autor?*
- *¿Cuáles son algunos detalles?*
- *¿Cómo me ayudaron las fotografías y los pies de foto a entender más?*
- *Vuelve a leer el libro y busca las palabras del vocabulario.*
- *¿Qué preguntas tengo aún?*

Actividades de extensión:

- *¿Cuál fue tu parte favorita del libro? Escribe un párrafo sobre ella.*
- *Haz un dibujo de lo que más te gustó del libro.*

ÍNDICE

EN UNA COMUNIDAD

En una comunidad, las personas viven y trabajan juntas para hacer de su vecindario un lugar mejor.

Desde los médicos que curan a los enfermos hasta los meseros que nos sirven la comida, todos tienen un papel que desempeñar para contribuir al crecimiento de la comunidad.

Los jefes de obras supervisan la construcción de casas, centros comerciales y edificios de oficinas.

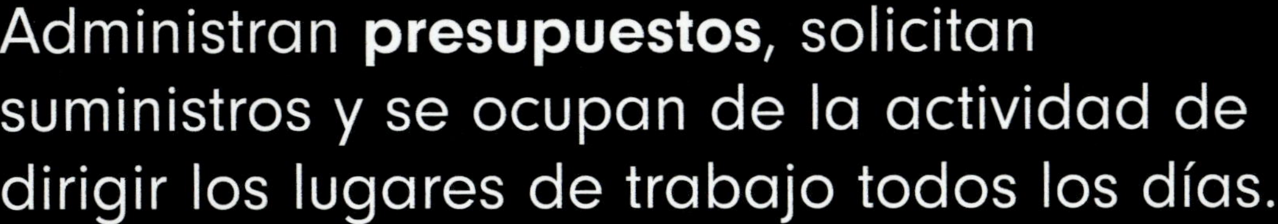

Administran **presupuestos**, solicitan suministros y se ocupan de la actividad de dirigir los lugares de trabajo todos los días.

¿Quién es el jefe de obras? Busca a la persona del casco blanco.

¿QUÉ NECESITO?

¿Puedes realizar múltiples tareas? ¿Puedes manejar la presión de tratar con plomeros, carpinteros y electricistas al mismo tiempo? Si es así, podrías ser jefe de obras.

Debes tener un diploma de escuela secundaria y, a menudo, un título en arquitectura, ingeniería o construcción. Pero estos no son los únicos caminos que puedes tomar. Las **certificaciones** profesionales también son importantes, y algunos estados requieren que los jefes de obras tengan una licencia.

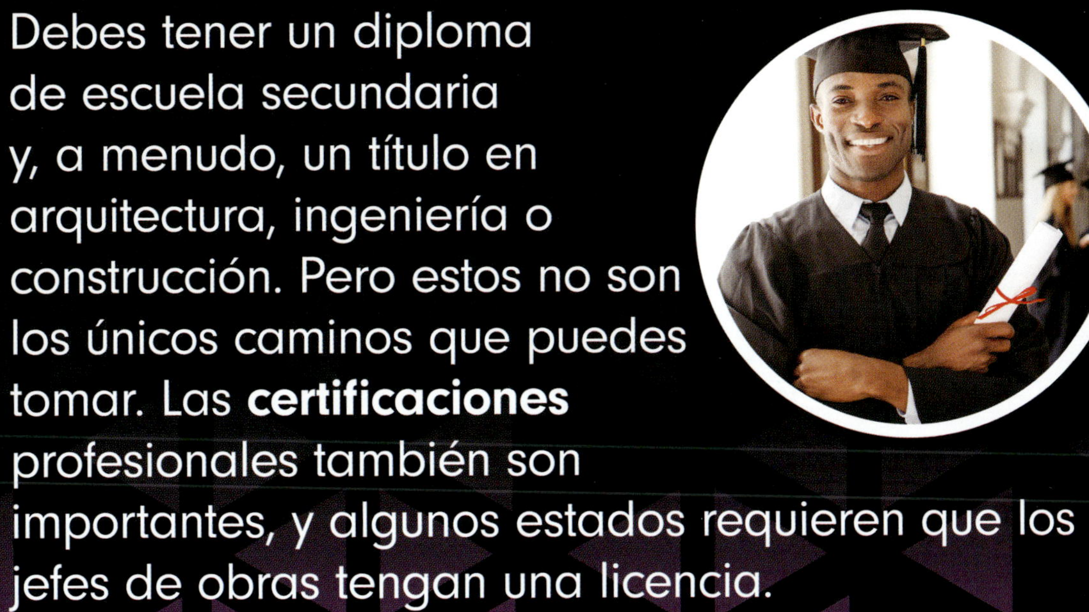

¿Los jefes de obras son lo mismo que los arquitectos? No. Los arquitectos diseñan edificios. Los jefes de obras supervisan la construcción de edificios.

HABILIDADES ESPECIALES

Los jefes de obras necesitan habilidades especializadas para hacer su trabajo. Tienen que saber leer **planos** y comprender cómo se supone que encajarán todas las partes del edificio.

Deben tener conocimientos de plomería, electricidad, carpintería y otros **oficios** relacionados con el proyecto.

Un jefe de obras debe poder **estimar** los costos de los materiales y los trabajadores necesarios para completar el proyecto. Ellos necesitan mantener cada trabajo dentro de un presupuesto.

El tiempo es otro factor. Un jefe de obras tiene que establecer un **cronograma** para cada trabajo.

Muchos jefes de obras usan software para hacer cálculos de costos y de los calendarios de sus proyectos.

Un jefe de obras tiene que ser organizado. Los **proveedores** solo son responsables por su parte en el proyecto.

El jefe de obras tiene que organizar el proyecto y asegurarse de que los proveedores trabajen en el proyecto en el orden que sea más **eficiente**.

CONDICIONES DE TRABAJO

Los jefes de obras a menudo son **autoempleados**, pero algunos pueden pertenecer a una gran empresa de construcción o incluso a una pequeña empresa.

Pueden tener una oficina permanente, pero en muchos casos su oficina es **móvil** y se mueve de un lugar de trabajo a otro.

Una gran parte del trabajo del jefe de obras es reunirse con los clientes y repasar la **visión** que ellos tienen del proyecto.

Estas reuniones implicarán repasar horarios, presupuestos y otras preocupaciones que puedan tener los clientes sobre el proyecto.

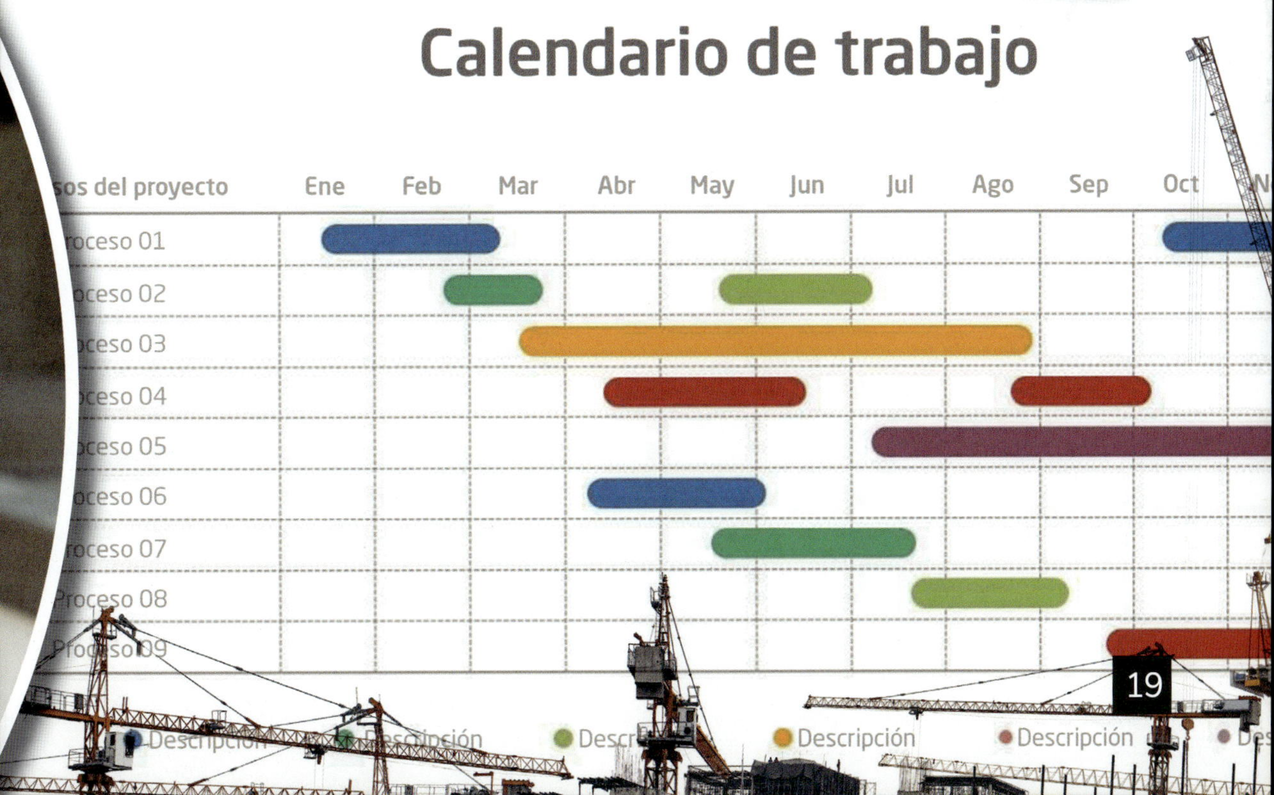

Calendario de trabajo

sos del proyecto | Ene | Feb | Mar | Abr | May | Jun | Jul | Ago | Sep | Oct

roceso 01

oceso 02

oceso 03

oceso 04

oceso 05

oceso 06

roceso 07

Proceso 08

Proceso 09

Descripción Descripción Descr Descripción Descripción

Una vez que se han celebrado las reuniones y se ha acordado el proyecto, le corresponde al jefe de obras comenzar a contratar a las personas y empresas adecuadas para hacer el trabajo.

El jefe de obras también comenzará a comprar los **materiales** para el trabajo y planificará el calendario de trabajo para el proyecto.

Los jefes de obras deben tener un gran conocimiento en lo que respecta a la seguridad en el sitio de trabajo. Necesitan cerciorarse de que los trabajadores estén seguros.

La seguridad **ambiental** también es motivo de preocupación.

La elección de los materiales y la organización de cómo se eliminan los residuos permite al jefe de obras decidir qué tan respetuoso con el medio ambiente será el trabajo.

NO SIEMPRE ES FÁCIL

Ser jefe de obras no es un trabajo fácil. Algunos proyectos pueden funcionar sin contratiempos, pero a menudo hay problemas en el camino.

A veces, los materiales se entregarán tarde o los electricistas aún estarán trabajando cuando esté programada la instalación de los paneles de yeso. Si se presentan problemas en los sitios de trabajo, la labor del jefe de obras es ocuparse de cada uno de ellos.

¿CÓMO GANARSE LA VIDA?

Ser jefe de obras es una profesión acelerada y muy demandada, que a menudo paga muy bien.

El salario depende de muchas cosas diferentes, incluida la ubicación, el tipo de proyectos y el presupuesto del cliente.

Especialidad	Rango de salario por año en dólares
Obras de la ciudad (por ejemplo, carreteras, puentes)	$90 000 - $102 000
Edificios de oficinas/centros comerciales	$80 000 - $98 000
Oficio especializado (por ejemplo, concreto, eléctrico)	$77 700 - $93 000
Residencial	$75 000 - $89 000

Los jefes de obras son miembros importantes de sus comunidades. Crean empleos y mantienen seguros a los trabajadores. Ayudan a hacer las casas, las carreteras y otros edificios que componen nuestras comunidades.

GLOSARIO

ambiental: Relacionado con el mundo natural de la tierra, el agua y el aire.

autoempleados: Personas que trabajan para sí mismas.

certificaciones: Pruebas de las habilidades en un oficio.

cronograma: Horario.

eficiente: Que funciona muy bien y no desperdicia tiempo ni energía.

estimar: Hacer un cálculo aproximado.

materiales: Los suministros necesarios para construir un edificio.

móvil: Capaz de desplazarse.

oficios: Carreras que implican trabajo práctico y conocimientos especializados.

planos: Dibujos que muestran cómo va a encajar un edificio.

presupuestos: Planes para gastar dinero.

proveedores: Empresas o personas que proporcionan bienes o servicios a otras personas o empresas.

visión: Algo imaginado.

ÍNDICE ANALÍTICO

SITIOS WEB PARA VISITAR

https://www.bls.gov/ooh/management/construction-managers.htm#tab-1

https://www.goconstruct.org/construction-careers/what-jobs-are-right-for-me/construction-manager/

https://www.conserve-energy-future.com/sustainable-construction-materials.php

SOBRE EL AUTOR

B. Keith Davidson

B. Keith Davidson ha hecho carrera en la agricultura, la fabricación industrial y el sector de los servicios. Su carrera en la educación lo llevó a su actual carrera de escritor de libros.

Written by: B. Keith Davidson
Designed by: Jennifer Dydyk
Edited by: Kelli Hicks
Proofreader: Ellen Rodger
Translation to Spanish: Santiago Ochoa
Spanish-language layout and proofread: Base Tres

Photographs: Cover career logo icon © Trueffelpix, diamond pattern used on cover and throughout book © Aleksandr Andrushkiv, cover photo © Kzenon, tools photo at top of cover and on title page © Aleksandar Grozdanovski, Page 4 © wavebreakmedia, Page 5 top photo © fizkes, bottom photo © FamVeld, Page 6 © Stuart Monk, Page 7 top photo © ESB Professional, bottom photo © mdgn, Page 8 © Bannafarsai_Stock, Page 9 top photo © G-Stock Studio, middle photo © Narin Nonthamand, bottom photo © Supavadee butradee, Page 10 top photo © PV productions, bottom photo © Maksym Dykha, Page 11 top photo © EsanIndyStudios, bottom photo © BalanceFormCreative, Page 12 top photo © Dragon Images, photo across bottom of page 12 and 13 © Francesco Scatena, Page 13 top photo © Zolnierek, Page 14 © Naparat, Page 15 top photo © sirtravelalot, bottom photo © Gorodenkoff, Page 16 © dotshock, Page 17 top photo © A Lot Of People, bottom photo © Svitlana Hulko, Page 18 © A Lot Of People, Page 19 top photo © Francesco Scatena, bottom photo © Mongkolchon Akesin, Page 20 © Pincasso, Page 21 top photo © frantic00, bottom photo © Syda Productions, Page 22 top photo © John Williams RUS, Page 23 © romul 014, Page 24 © MilanMarkovic78, Page 25 top photo © Whyimage, bottom photo © Kent E Roberts, Page 26 © romul 014, Page 27 © 1599686sv, Page 28 © StreetonCamara, Page 29 top photo © NP27, bottom photo © Andy Dean Photography.
All images from Shutterstock.com

Library and Archives Canada Cataloguing in Publication

CIP available at Library and Archives Canada

Library of Congress Cataloging-in-Publication Data

CIP available at Library of Congress

Crabtree Publishing Company
www.crabtreebooks.com 1-800-387-7650

Printed in the U.S.A./062022/CG20220124

 In Canada: We acknowledge the financial support of the Government of Canada through the Canada Book Fund for our publishing activities.

Published in the United States
Crabtree Publishing
347 Fifth Avenue, Suite 1402-145
New York, NY, 10016

Published in Canada
Crabtree Publishing
616 Welland Ave.
St. Catharines, Ontario L2M 5V6